Général H. CREMER

Signaleurs

et

Signaux

PARIS

Henri CHARLES-LAVAUZELLE

Éditeur militaire

10, Rue Danton, Boulevard Saint-Germain, 118

(MÊME MAISON A LIMOGES)

Signaleurs et Signaux

Général H. CREMER

SIGNALEURS

ET

SIGNAUX

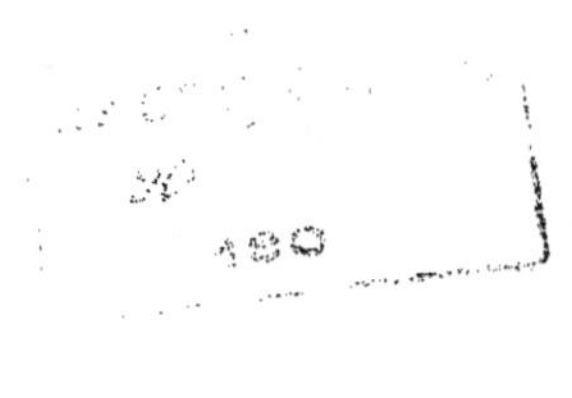

PARIS

Henri CHARLES-LAVAUZELLE

Éditeur militaire

10, Rue Danton, Boulevard Saint-Germain. 118

(MÊME MAISON A LIMOGES)

Signaleurs et Signaux

De tout temps, en campagne, on a senti le besoin de transmettre le plus rapidement possible des ordres, des avis, des renseignements. On s'est servi pour cela de tous les moyens qu'on avait à sa disposition : coureurs, chevaux, voitures, bicyclettes, pigeons, télégraphe, etc.

Dans certains cas, malheureusement, ces divers moyens, ou sont inutilisables, ou bien font défaut. On a donc cherché à y suppléer par des procédés de circonstance.

Chacun sait comment les sauvages, ou même les populations de notre Sud algérien, arrivent à se transmettre des nouvelles avec une rapidité qui nous surprend toujours.

× ×

Après la guerre de 1870, on avait créé chez nous, dans les corps de troupe, un service de signaleurs (Instruction du 7 septembre 1887), qui, à l'aide de *fanions* ou de *lanternes*, transmettait des dépêches, en se servant de l'alphabet Morse, formé, comme on le sait, d'une combinaison de points et de traits.

Au bout de quelques années d'essai on dut y renoncer, sauf pour certaines régions montagneuses, où l'on résolut cependant de conserver le système, malgré tous les inconvénients qu'il pouvait présenter.

Ces inconvénients sont de deux sortes :

1° La difficulté de former le personnel, qui devait

être très intelligent, doué de qualités spéciales, et qui devait être bien familiarisé avec l'alphabet employé:

2° La lenteur des transmissions (1), les erreurs fréquentes soit dans l'envoi, soit dans la lecture, qui obligeaient à recommencer une dépêche incomprise. On finissait par y renoncer, et envoyer une estafette pour savoir de quoi il était question.

Prenons en effet un avis tout simple tel que :

Ennemi . en . vue - Troupes . de . toutes . armes.

Avec l'alphabet en question il ne faut pas employer moins de cent sept signaux successifs.

× ×

Cependant, l'urgence d'une communication rapide et sûre n'est pas douteuse ; nous pourrions citer de nombreux exemples.

A l'occasion de la guerre russo-japonaise, nous lisons dans un journal récent (2) :

« Les Russes ont reconnu à leurs dépens et par des leçons chèrement payées la nécessité d'établir des communications rapides et constantes entre les diverses unités, et la difficulté de les assurer par des cavaliers ou des vélocipédistes, quand les troupes sont séparées par des terrains de parcours difficile ou battus par le feu de l'ennemi.

» Aussi, une instruction du 4 octobre 1904 prescrit-elle la formation de *signaleurs* dans les compagnies, escadrons ou batteries. Cette instruction reproduit presque exactement les prescriptions qui avaient cours, il y a peu de temps encore, en France, sur le même objet...., etc. »

---

(1) Certaines lettres exigent quatre signes, tous les chiffres cinq.

(2) *L'Energie française* du 28 janvier 1905.

Et dans le n° 48 du *Rouskii Invalid* :

« Les Japonais, de l'avis de tous les correspondants étrangers, ont couvert le théâtre de la guerre d'un véritable réseau de télégraphes et de téléphones. Non seulement ils ont établi des liaisons télégraphiques avec l'arrière, mais leurs grandes unités ont toujours été reliées entre elles. Ces moyens de liaison sont employés même au combat, ou entre des détachements éloignés les uns des autres.

» Ils ont également fait le plus large emploi des *signaux* au moyen de fanions, pour la transmission des ordres et des renseignements. »

× ×

Nos divers règlements font du reste mention de l'avantage que peut procurer dans certaines circonstances un service de signaux.

Nous lisons en effet dans l'Instruction pratique sur le service en campagne de l'infanterie :

Art. 32. — « *Grand-gardes.* — ... Le piquet fournit une sentinelle devant les armes et les hommes nécessaires pour observer les signaux des petits postes. »

Art. 33. — « Indépendamment de ces signaux de reconnaissance... on convient d'un *signal* unique, permettant aux sentinelles d'appeler le chef du petit poste. »

Art. 35. — « Tout chef de poste qui fait partir une patrouille, lui indique... 5° les mots d'ordre et de ralliement et les *signaux*, s'il y a lieu. »

Art. 36. — « Les patrouilles et les rondes qui se rencontrent pendant la nuit se reconnaissent au moyen de *signaux* prescrits. »

« ... Chaque commandant de grand'-garde... réunit les chefs de section... Il leur donne le mot, ainsi que les *signaux* convenus. »...

« Les communications entre les divers éléments du service d'avant-postes ont lieu au moyen de cavaliers ou de vélocipédistes mis à leur disposition, et de plantons. Le jour, elles peuvent aussi s'effectuer par *signaux*. »

Et à la 2e partie : Méthode d'instruction, chap. 1er, instruction individuelle :

« On habitue les hommes à transmettre avec clarté et précision un ordre, une nouvelle, un renseignement... Les hommes se transmettent cet ordre de proche en proche, et le dernier le répète à l'instructeur... On fait transmettre pareillement un *signal*. »

Et dans l'Instruction pratique de la cavalerie :

Art. 25. --- « Les patrouilles sont dirigées le plus souvent... vers les points particulièrement dominants, d'où la vue s'étend au loin et d'où les *signaux* peuvent être visibles. La rapidité de la transmission des renseignements a pendant le stationnement une importance toute spéciale...

» Tous les moyens d'accélérer la transmission tels que *signaux*, télégraphes, etc., doivent être employés quand la possibilité s'en présente. »

Art. 27. — « Le chef de pointe... ne doit jamais perdre ses éclaireurs de vue, et convenir avec eux d'un *signal*... »

Art. 33. — « Un cavalier placé en faction, à pied, près du poste, veille aux *signaux* que peuvent faire les vedettes...

» La convention de *signaux* entre eux (les chefs de

postes) et leurs vedettes, comme avec le cantonnement, quand c'est possible, accélère beaucoup la transmission des renseignements. »

Art. 34. - - « Les vedettes reçoivent l'indication... des *signaux* à faire. »

Le Règlement de l'artillerie (1ʳᵉ partie) s'exprime ainsi :

Art. 542. — « Un des deux éclaireurs assure la liaison avec le commandant des éclaireurs, soit à l'aide de *signaux* convenus à l'avance, soit verbalement. »

Art. 546. — « Un officier, secondé par quelques éclaireurs, pourra être chargé, si les circonstances et des observatoires convenables le permettent, de reconnaître les objectifs et de fournir au chef de groupe les renseignements qu'il pourra recueillir sur les effets du tir de ses batteries. »

Or, il est bien certain que, pour être utile, la transmission de ces renseignements doit être presque instantanée, et ne peut se faire que par télégraphe, téléphone ou *signaux*.

A ce sujet, mentionnons l'article paru dans le nᵒ 1 de la *Danzers armee Zeitung* de 1905 (1) :

« La guerre russo-japonaise actuelle nous montre l'emploi dans une large mesure des positions de batteries hors de vue, des observateurs placés sur le flanc, ou en arrière des batteries, à grande distance, et en conséquence l'emploi de *signaux* et du téléphone ou du télégraphe de campagne pour la transmission des ordres et des renseignements relatifs à la conduite du feu.

____

(1) *France militaire* du 25 janvier 1905.

» Un autre motif pour l'utilisation de moyens de transmission plus rapides que les estafettes est dans l'étendue considérable des fronts qu'occuperont souvent les masses d'artillerie, engagées dans une même action et placées sous un même commandement.

» Il est donc indispensable d'avoir dans les batteries des *équipes de signaleurs* se servant de fanions (soit avec l'usage de l'alphabet Morse, soit plutôt, parce que c'est beaucoup plus simple, des signaux de la marine de guerre (1), et dans chaque régiment d'artillerie une équipe de télégraphistes disposant, comme cela a lieu dans les régiments de cavalerie, d'appareils optiques et du matériel nécessaire à l'établissement et au fonctionnement d'une courte ligne télégraphique ou téléphonique. (Le téléphone est d'un emploi beaucoup plus simple et moins délicat, par suite du moindre poids des appareils et du fil, et de la simplicité de la manipulation.)... Évidemment, cela entraînerait quelques hommes et quelques chevaux de plus... mais les avantages qui en résulteraient balanceraient largement les inconvénients.

» La preuve en est dans le large emploi des *signaux* et du téléphone, pour la conduite du feu de l'artillerie, que nous montrent les comptes rendus des actions de la guerre russo-japonaise. »

× ×

Partout dans nos règlements nous voyons donc qu'il est question de *signaux* ; mais nulle part on ne nous dit quel genre de signaux on pourra utilement employer.

---

(1) Nous avons déjà dit ce que nous pensions de l'alphabet Morse, qui a tué nos équipes de signaleurs ; nous croyons que les signaux de la marine présenteraient les mêmes inconvénients.

On dit bien des *signaux convenus d'avance*. Croit-on qu'il soit si facile de créer tout un code de signaux, au pied levé ?

Et si les diverses fractions n'ont pas adopté les mêmes signaux, quelle confusion, quels dangers !

Croit-on aussi que si l'on adopte des signaux trop nombreux chacun pourra facilement les retenir ? à moins de se borner à un signal unique, invitant le chef à venir s'assurer par lui-même de la gravité de la situation ! cela ne nous avancerait pas à grand'chose comme rapidité, pour prendre à temps toutes les mesures nécessaires.

× ×

Nous avons dit pour quelles raisons l'essai d'un service de signaleurs, tenté chez nous en 1887, avait échoué.

Est-il possible de *faire mieux* ?

De créer une méthode *plus simple*, plus facile à enseigner, à exécuter, à comprendre ?

Plus rapide surtout ?

Sans hésiter, nous répondrons : Oui.

× ×

L'idée nous en est venue à l'usage du Dictionnaire de cryptographie en usage dans l'armée, dans lequel chaque nombre correspond, non à une simple lettre, mais à un mot entier, parfois même à une phrase complète.

Étant colonel, nous avons expérimenté notre système dans notre régiment et en deux séances les hommes savaient *tout ce qu'ils devaient savoir*, c'est-à-dire transmettre un nombre, sans qu'ils soient obligés toujours de savoir ce que ce nombre représente.

L'avantage du système est de pouvoir s'employer de jour comme de nuit, en se servant tantôt de la vue, tantôt de l'ouïe. Il sera surtout utile aux avant-postes, dans les reconnaissances, pointes et patrouilles, etc.

PREMIER SYSTÈME

Nous avons établi un code d'une vingtaine de phrases, les plus usuelles, représentées par des nombres. Chaque gradé peut avoir ce code dans son carnet.

Deux signes seulement servent à la transmission du nombre :

Le chiffre 5 ;
Le chiffre 1.

Le premier se représente en étendant horizontalement les deux bras ; le deuxième en étendant horizontalement un seul bras.

Dans un terrain couvert, coupé par des obstacles, où la vue ne porte pas, 5 se représentera par un coup de sifflet ou de corne allongé ; 1 par un coup bref.

Pour dire 7, on dira $5+1+1$.
Pour dire 11, on dira $5+5+1$.

On a soin, bien entendu, de séparer chaque geste du geste suivant par un intervalle raisonnable (le temps de compter 1, 2, 3, 4 à la cadence du pas accéléré, par exemple).

× ×

Mais nous pouvons avoir plusieurs mots ou phrases à transmettre et il ne faut pas qu'on additionne les nombres représentant deux mots ou phrases différents ; nous avons donc adopté un troisième signe, signifiant : « fin de phrase ».

Erreur de transmission ou "pas compris"
Un
Cinq

Le même signe signifie aussi :

« Garde à vous — je commence. »

Il se représente en levant un bras verticalement, ou par 3 coups de sifflet doubles et brefs.

Ex. : On veut transmettre les trois nombres suivants, 6, 13, 2.

On commencera par : « Garde à vous » ; — puis : 5 + 1, ou 6 : « fin de phrase » :

Puis 5 + 5 + 1 + 1 + 1, ou 13 ; « fin de phrase ».

Puis 1 + 1, ou 2 ;

« Fin de phrase. »

× ×

Mais, tout le monde peut se tromper. Une faute d'attention peut rendre un signal inintelligible ou douteux.

Nous avons donc adopté un quatrième et dernier signe pour dire : « Je me suis trompé », et aussi : « Je n'ai pas compris ; recommencez. »

Élever un bras verticalement et l'agiter de gauche à droite, plusieurs fois.

Au sifflet : une série de coups brefs et rapides.

La nuit, les mêmes signaux pourraient se faire avec des lanternes :

2 lanternes sur la même ligne signifiant 5 ; 1 lanterne signifiant 1 ; 2 lanternes, l'une au-dessus de l'autre : fin de phrase ; 1 lanterne agitée verticalement : erreur.

× ×

Le transmetteur et le récepteur ont seuls besoin d'avoir le code ou la clé. Les hommes intermédiaires sont de simples machines à transmission.

Exemple de code de signaux pour l'Infanterie.

1	Rien en vue.		12	Compagnie.
2	A droite.		13	Point où il faut passer.
3	A gauche.		14	Question douteuse.
4	En avant.		15	Cavalerie.
5	Ennemi en vue.		16	Escadron.
6	Obstacle.		17	Très pressé.
7	Toutes armes.		18	Retranchements.
8	Dégagez le front.		19	Troupes amies.
9	En retraite.		20	Artillerie.
10	Infanterie.		21	Batterie.
11	Bataillon.		22	Venez voir.

On a cherché à faire représenter les mots les plus usuels, par les nombres exigeant le moins de signes pour la transmission.

On pourrait du reste adopter d'autres mots, ou une autre classification.

× ×

Il est certain qu'au bout de peu de temps, le sens de beaucoup de ces nombres deviendrait familier aux hommes ; mais comme nous l'avons dit, nous n'y attachons aucune importance : pourvu qu'aux deux bouts de la ligne on sache ce qu'on veut dire, c'est l'essentiel.

Exemple de code pour l'Artillerie.

1	Long.		11	Diminuez.		21	Moins.
2	Court.		12	En avant.		22	Millièmes.
3	Augmentez.		13	Au but.		23	Passage impossible.
4	Correcteur.		14	Eclatement.		24	Passage possible.
5	A droite.		15	Bas.		25	Percutant.
6	Haut.		16	Fin des chiffres.		26	Danger.
7	Très haut.		17	Plus.		27	Pas compris.
8	Lisez en chiffres.		18	Artillerie.		28	Douteux.
9	Mètres.		19	Cavalerie.		29	Pas vu.
10	A gauche.		20	En arrière.		30	Infanterie.

Mêmes observations que pour le tableau précédent.

On nous objectera sans doute que nos codes sont bien courts, et que 22 ou 30 mots ne permettent pas toujours de tout dire.

Nous avons prévu le cas, et nous proposons en conséquence un 2ᵉ système, *basé sur le même principe*, mais un peu plus compliqué et exigeant déjà un certain matériel léger et peu coûteux il est vrai, mais encombrant tout de même.

DEUXIÈME SYSTÈME

Il consiste en 2 albums (1), ayant 10 feuillets chacun. Les feuillets ayant les dimensions de 0ᵐ,40 sur 0ᵐ,30, le livre ouvert représente une surface de 0ᵐ,40 sur 0ᵐ,60. Sur chaque feuillet ouvert est représenté un

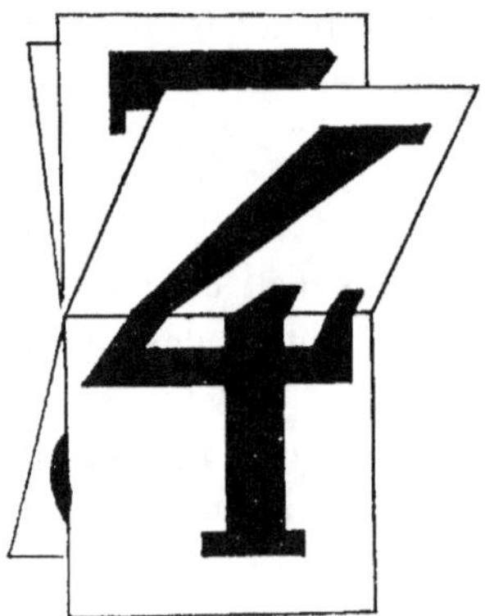

chiffre, dont les traits ont une grosseur de 0ᵐ,05. L'expérience nous a prouvé que par un temps ordinaire, avec une jumelle, on peut lire les nombres ainsi représentés jusqu'à la distance de 1.200 mètres.

Nous avons donc 110 nombres à notre disposition, ce qui permet déjà de suffire à beaucoup de besoins.

Si l'on juge que ce nombre de 110 mots ou phrases

---

(1) Un seul album peut suffire, si l'on convient que les chiffres seront toujours conjugués deux par deux.

est encore insuffisant, rien n'empêche d'adopter le groupement de quatre chiffres (envoyés simultanément - - ou deux par deux — ou l'un après l'autre) comme dans le Dictionnaire cryptographique ; les deux premiers chiffres indiquant la page, les deux derniers les numéros d'ordre du mot (ou de la phrase) dans la page.

On aurait 110×110 chiffres $=$ 12.100 mots, ce qui peut suffire à tous les besoins.

× ×

Le système que nous présentons ici a cependant un inconvénient : l'album, assez volumineux, ne sera pas toujours commode à emporter, pour des cavaliers surtout. Il faudra que les feuillets qui le composent soient

Modèle de code à 110 mots.

0	Activer.	09	Bois.	27	Ennemi en vue.	45	Mètres.	63	Porter.	81	Sud.
1	Allure.	10	Canon.	28	Envoyer.	46	Mille.	64	Position.	82	Sur.
2	Amener.	11	Cartouches.	29	Escadron.	47	Millièmes.	65	Poste.	83	Surprise.
3	Ami.	12	Cavalerie.	30	Est.	48	Minute.	66	Pouvoir.	84	Tenir.
4	Apercevoir.	13	Cent.	31	Feu.	49	Nombreux.	67	Qu'y a-t-il ?	85	Terrain.
5	Approche.	14	Cesser.	32	Flanc.	50	Non.	68	Ralliement.	86	Tête.
6	Arrêter.	15	Chef.	33	Gauche.	51	Nord.	69	Reculer	87	Tirailleurs.
7	Arrière.	16	Clocher.	34	Grand.	52	Notre.	70	Régiment.	88	Tirer.
8	Arrière garde.	17	Compagnie.	35	Haut.	53	Obus.	71	Renforcer.	89	Tranchée.
9	Artillerie.	18	Compris.	36	Impossible.	54	Officier.	72	Reserve.	90	Troupes.
00	Attaque.	19	Correcteur.	37	Incompris.	55	Ordre.	73	Rester.	91	Tué.
01	Au but.	20	Court.	38	Infanterie.	56	Ouest.	74	Retraite.	92	Urgent.
02	Augmenter.	21	Crête.	39	Kilomètres.	57	Oui.	75	Rien de nouveau	93	Venir.
03	Avancer.	22	Défensive.	40	Lentement.	58	Pas (pas vu).	76	Rivière.	94	Village.
04	Avant.	23	Derrière.	41	Long.	59	Passage.	77	Route.	95	Vite.
05	Avant-garde.	24	Diminuer.	42	Loin.	60	Patrouille.	78	Sentinelles.	96	Voitures.
06	Bas.	25	Disparu.	43	Marcher.	61	Percutant.	79	Signaler.	97	Voir.
07	Bataillon.	26	Droite.	44	Médecin.	62	Petit.	80	Sous.	98	Lisez en chiffres.
08	Batterie.									99	Fin des chiffres.

On a adopté l'ordre alphabétique pour faciliter les recherches dans la transmission.

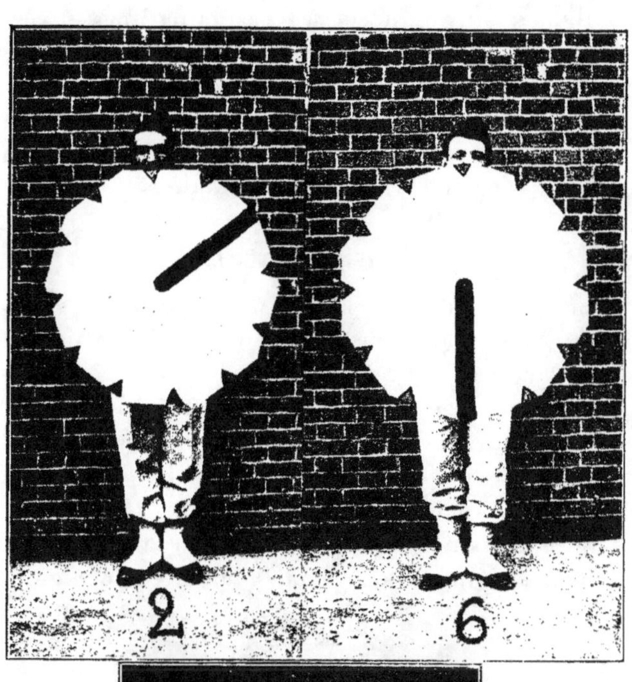

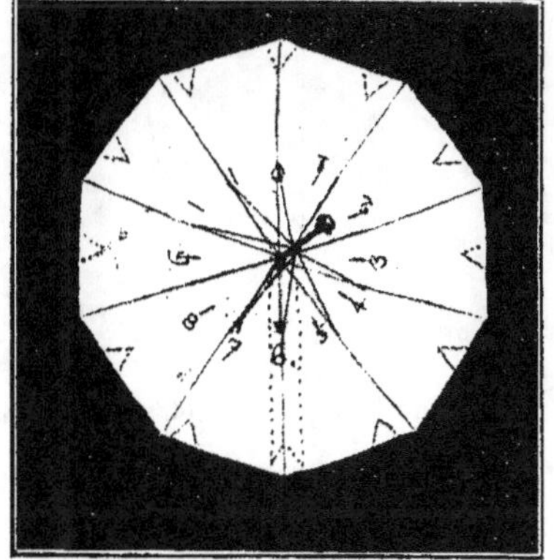

résistants à la pluie, comme à la chaleur. On pourrait les faire en carton imperméabilisé, en toile, en feuilles métalliques... il y aurait des essais à faire. Nous n'avons expérimenté qu'avec du carton ordinaire et nous avons reconnu les inconvénients en cas de pluie. C'est ce qui nous a engagé à chercher un autre procédé, qui est peut-être plus simple encore, tout en étant toujours basé sur la transmission de chiffres et non de lettres.

TROISIEME SYSTÈME

Chacun a pu remarquer en se promenant à la campagne, à quelle grande distance il est facile de lire les heures sur une horloge de clocher.

Nous avons donc imaginé un cadran blanc (1), auquel nous avons donné comme diamètre minimum la grande dimension de notre album, soit $0^m,60$ (on ferait plus grand, cela n'en vaudrait que mieux).

Sur ce cadran nous avons adapté une aiguille, celle des heures, l'autre nous étant inutile. Cette aiguille

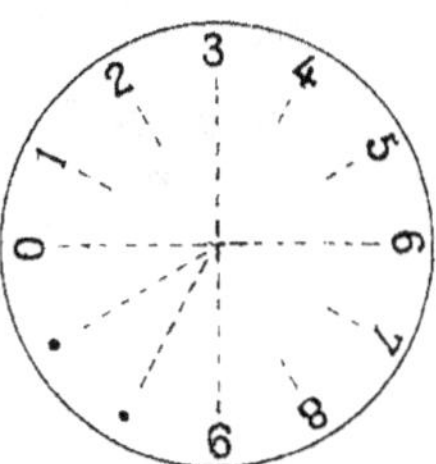

peut prendre les positions correspondant aux heures, de midi à 9 heures.

Nous n'utilisons pas les positions correspondant à 10

----

(1) Les essais faits sur diverses couleurs nous ont montré que les signes noirs sur fond blanc se distinguent généralement le mieux, en toute circonstance.

et 11 heures, qui nous sont inutiles. La position de midi
correspond au chiffre 0.

Il n'est pas nécessaire d'inscrire les chiffres sur notre
cadran, c'est la position des aiguilles seule qui nous
guide dans notre lecture sur les horloges des clochers.

Il est également inutile que l'aiguille soit mobile sur
le cadran, puisque le cadran l'est et que nous pouvons
lui donner une position convenable, pour que l'aiguille
vienne prendre correctement sa place.

Si deux cadrans ont la position indiquée par les
figures ci-dessus, on lira facilement 26.

Un petit système, derrière le cadran, et consistant
tout simplement en un fil à plomb qui peut se déplacer
devant les chiffres d'un petit cadran, permet d'assurer
la place rigoureusement exacte de l'aiguille.

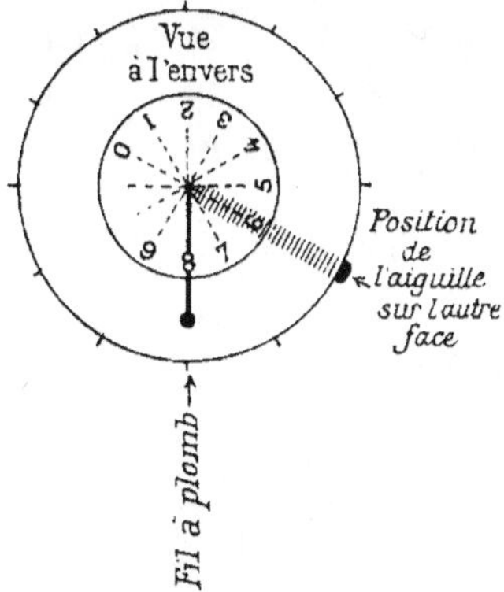

L'appareil consiste simplement en un petit parapluie blanc, portant en noir la marque de l'aiguille. Replié, il ne tient presque pas de place, et son transport est des plus facile.

× ×

En résumé, on voit qu'il serait facile de créer un système de transmission d'ordres ou de renseignements, simple, aisé à comprendre, facile à enseigner aux hommes.

Nous n'avons pas la prétention d'imposer un quelconque des nôtres : nous voulons simplement appeler l'attention de nos camarades de l'armée sur cette question qui paraît devoir jouer un grand rôle à l'avenir. Nous avons expérimenté, il y a quelques années, le n° 1 avec des hommes de bonne volonté ; nous avons immédiatement obtenu de très bons résultats. Nous restons convaincu que nos deux autres systèmes, ou tout système analogue (c'est-à-dire faisant représenter des mots, ou des phrases entières, par des groupes de chiffres) donneraient également de bons résultats.

C'est une idée à exploiter.

Evreux, le 9 avril 1905.

Général CREMER,
Commandant la 3ᵉ brigade de cavalerie.

APPENDICE

CONDUITE DU TIR DE L'ARTILLERIE AU MOYEN DE SIGNAUX
(1).

Extraits des procédés proposés par M. Smnislovski dans le *Rouskii Invalid* pour la conduite du tir de l'artillerie à distance, au moyen de signaux. (*France militaire* du 4 et du 11 juin 1905.)

« La guerre russo-japonaise a conduit les deux belligérants, en ce qui concerne l'emploi de l'artillerie, à faire un très large usage du tir indirect et en ce cas à placer les batteries souvent très loin en arrière de la masse couvrante du sommet, de laquelle les capitaines observent les résultats et où ils sont forcés de se tenir pour conduire le tir de leur batterie.

» Ce fait a nécessité l'obligation de se servir de signaux ou du téléphone pour la conduite du tir, et ce mode de commandement a été étudié et a fait l'objet de plusieurs articles dans la presse militaire. Il en a paru tout récemment un fort complet et fort intéressant dans le n° 89 du *Rousskii Invalid* sous la signature Smnislovski. En voici l'analyse :

» La conduite du tir au moyen de signaux présente d'une manière absolument indiscutable les avantages suivants :

» 1° Elle permet de diriger le tir en toutes circonstances, même quand il devient impossible de le commander à la voix ;

» 2° *En raison du bruit* qui accompagne soit les déplacements, soit le tir de l'artillerie, il n'est pas possible dans la plupart des cas que tout le monde entende les

---

(1) *France militaire* des 5 et 11 juin 1905.

commandements du chef. Ceux-ci ne sont entendus que par les hommes les plus proches et doivent être répétés. Il en est de même dans la conduite du tir par téléphone où l'homme qui se trouve à l'appareil récepteur doit répéter les commandements. Au contraire, des signaux optiques sont visibles à la fois pour tout le monde ;

» 3° Dans la méthode de commandement à la voix ou même par téléphone, le commandant de batterie ne peut pas s'assurer s'il a été compris. Dans le cas de l'emploi de signaux, la répétition de ceux-ci par un poste récepteur placé dans la batterie lui sert de vérification et lui permet de rectifier des erreurs ;

» 4° Une troupe conduite par signaux sait qu'elle ne peut s'y conformer que par une attention constante. Il en résulte une habitude de suivre des yeux avec soin le chef en toute circonstance ;

» 5° La conduite du tir par signaux reste applicable quelle que soit la distance à laquelle se tient le commandant de la batterie ; si celle-ci s'accroît, il suffit d'installer un ou plusieurs postes de relais ;

» 6° Les signaux optiques sont toujours utilisables. *Il n'en est pas de même du téléphone* qui a parfois des caprices, même dans les installations du temps de paix, et dont le fil peut facilement être coupé par un projectile ; la *rupture* est facile à réparer, mais elle est *souvent longue à trouver* ; enfin, l'appareil lui-même peut être brisé ou mis hors de service. Le téléphone ne peut pas dispenser d'un autre moyen de transmission, destiné à le suppléer en cas d'accident. *Seuls, les signaux optiques peuvent fonctionner dans tous les cas.* Bien entendu, il ne s'agit pas de renoncer à se servir de la voix ou du transport des ordres par ordonnances pour commander, mais seulement de se borner à employer ces procédés quand ils sont judicieux et possibles.

» La manœuvre au geste existe déjà dans l'artillerie et y est employée à peu près exclusivement dès que les hommes savent manœuvrer à la voix. Il suffit, pour les habituer à comprendre les gestes, de *deux ou trois séances*.

» La conduite du feu par gestes était impossible jusqu'à présent en raison de la complication des commandements, de l'absence d'appareil de repérage et du peu de développement du service des signaux. L'artillerie à tir rapide a beaucoup simplifié les commandements pour la conduite du feu, et l'emploi réglementaire des fanions de signaux dans les troupes, joint à la *nécessité inévitable pour le commandant de batterie d'être loin de sa troupe* dans l'exécution du tir hors de vue devaient naturellement amener des tentatives de conduite du feu à la muette par signaux. C'est ce qui a eu lieu en Mandchourie, comme nos lecteurs ont pu le voir dans de nombreux comptes rendus de faits de guerre publiés par nous, tant du côté russe que du côté japonais. *Dans les deux armées, le tir des batteries a été dirigé à distance au moyen de signaux de fanions.* »

× ×

« Il faut deux hommes pour la *transmission des signaux* de commandement. Dans beaucoup de cas, les signaux peuvent être faits par le commandant de batterie lui-même et son planton : mais il est avantageux de décharger de ce soin le commandant de batterie et d'y consacrer deux signaleurs. L'un de ceux-ci fait exclusivement des signaux destinés à exprimer l'*idée* de l'ordre donné, l'autre à la transmission des *données numériques*. Le premier peut faire ses signaux simplement *avec les bras* ; le second avec des fanions. Il est avantageux que les batteries d'un même groupe emploient des *fanions de couleur différente* pour que les signaux faits par les commandants de batteries ne puissent être confondus. Ces fanions sont facilement portés partout sur la selle.

» Dans la batterie, sont placés deux autres signaleurs pour répéter les signaux. Il est bon de *pourvoir les signaleurs de jumelles*. Si la distance du commandant à la batterie est trop grande ou si le terrain est coupé, couvert, etc., on place des relais de signaleurs. A la rigueur, chaque poste peut ne comporter qu'un homme transmettant d'abord l'idée du commandement sans fanions, puis les données numériques avec fanion.

» Les données initiales du tir et le point de pointage doivent être donnés par ordonnance ou au moyen de signaux sémaphoriques.

» Ces signaux, dit M. Smnislovski, peuvent être *modifiés, simplifiés sans doute avec l'usage*. Mais tels qu'ils sont, ils permettent déjà de conduire le tir à distance.

» En ce qui concerne la méthode d'instruction, M. Smnislovski propose d'instruire d'abord la batterie au commandement à la voix. Ce résultat obtenu, on place à proximité de la batterie plusieurs postes de signaleurs qui exécutent les signaux en même temps que la batterie entend les commandements.

» Quand le personnel connaît convenablement les signaux, le commandant de la batterie prend deux bons signaleurs, se place avec eux derrière un obstacle les masquant de la batterie mais permettant aux autres signaleurs de les voir. Ces derniers doivent répéter les signaux et la batterie les exécuter. Le commandant de la batterie a ainsi le moyen de contrôler la transmission des signaux et de les rectifier au besoin.

» A mesure que les signaux sont mieux connus, on augmente la distance à laquelle se tiennent les signa-

leurs de la batterie en arrivant à la fin à une distance
telle qu'on soit sur le point d'avoir besoin de la lunette
pour distinguer les signaux. Un poste récepteur est laissé
dans la batterie pour répéter les signaux et permettre
le contrôle.

» Il serait intéressant de faire à nos écoles à feu des
expériences analogues dont le résultat pourrait être de
la plus grande utilité pour la conduite du feu exécuté
de positions défilées.

» Rappelons que d'après l'expérience de la guerre actuelle, une batterie, pour ne pas être décelée par ses
lueurs, doit se trouver au moins à 4 mètres en contre-bas
de la crête couvrante, ce qui la conduit parfois à se
placer à fort grande distance en arrière de celle-ci. En
pareil cas, artilleurs russes et japonais ont toujours
conduit le tir de leurs batteries au moyen de signaux
de fanions.

» Il y a là un enseignement qu'on ne peut négliger. »

Paris et Limoges. — Imprimerie et librairie militaires Henri CHARLES-LAVAUZELLE.

Librairie militaire Henri CHARLES-LAVAUZELLE
Paris et Limoges.

Général Pierron. *La Stratégie et la Tactique allemande au début du vingtième siècle* (2e édition). — Volume in-8° de 516 pages, avec croquis dans le texte.. 6 »

Général Pierron. — *Guide pour le dressage de l'infanterie en vue de la guerre ou Recueil des questions posées aux sous-officiers, caporaux et soldats, avec les solutions.*
    1re partie. — Volume in-32 de 224 pages....................... 1 25
    2e partie. — Volume in-32 de 202 pages........................... 1 25

Général Lamiraux, ancien commandant de l'Ecole supérieure de guerre. — *Etude critique du Projet de règlement sur l'exercice et les manœuvres de l'infanterie.* — Volume in-18 de 180 pages............... 3 »

Général Lamiraux. — *Etude sur le fusil modèle 1886 et sur son rendement dans le tir individuel et dans le tir collectif.* — Volume in-8° de 384 pages, avec 23 croquis... 5 »

Général Lamiraux. — *Etudes pratiques de guerre.*
    Tome I (4e édition). — Volume grand in-8° de 314 pages, accompagné de 20 croquis ou cartes dans le texte, broché........... 6 »
    Tome II. — Volume grand in-8° de 448 pages, accompagné de 46 croquis, broché. .... 8 »

Général Lamiraux. — *Etudes de guerre : La manœuvre de Soult (1813-1814).* — Volume grand in-8° de 482 pages, avec 15 croquis dans le texte. . ... 8 »

Général Pédoya. — *La loi de deux ans, ses erreurs.* — Brochure in-8° de 62 pages. 1 25

Général Pédoya, commandant le 16e corps d'armée. — *Recueil de principes tactiques* (service de marche, combats offensifs et défensifs, poursuites et retraites, service des avant-postes). — Volume in-8° de 280 pages, broché. . ... 4 »

Général Le Joindre. — *Tirs de combat individuels et collectifs* (2e édition mise à jour). — Volume in-8° de 144 p., 20 figures, broché. 3 »

Général de Beauchesne. — *Stratégie et tactique cavalières.* — Volume in-8° de 102 pages. . . . . 3 »

Général Philebert. — *La 6e brigade en Tunisie,* orné d'un portrait du général, de 13 gravures et d'une carte en couleurs hors texte du théâtre des opérations. — Volume in-8° de 232 pages, broché......... 5 »

Général Philebert. — *En vue de la guerre.* — Volume in-18 de 140 pages. . . .. 2 »

Général Luzeux. — *Les mitrailleuses dans la guerre moderne.* — Brochure in-8° de 72 pages.. 2 »

Général Luzeux. — *Notre politique au Maroc.* — Volume in-8°........ 3 50

Général Trochu. — *L'Armée française en 1867.* — Volume in-8° de 128 pages. . ... 2 »

Général Tricoche. — *Le service de deux ans.* — Brochure in-18 de 40 pages. . ... » 75

Général Dragomirof. — *La guerre est un mal inévitable.* — Brochure in-8°. . . .. » 50

Général Hardy de Périni. — *Afrique et Crimée (1850-1856). Historique du 11e léger (86e de ligne),* avec préface d'A. Mézières, de l'Académie française. — Volume in-8° de 210 pages, orné d'un portrait du général et de 5 croquis hors texte. .... 5 »

Librairie militaire Henri CHARLES-LAVAUZELLE
Paris et Limoges.

www.ingramcontent.com/pod-product-compliance
Lightning Source LLC
LaVergne TN
LVHW021705170726
843501LV00007B/2695